配电网工程施工工艺手册

架空线路

国网湖南省电力有限公司　组编

U0381661

中国电力出版社
CHINA ELECTRIC POWER PRESS

内 容 提 要

《配电网工程施工工艺手册》共有《配电台区》《架空线路》《电缆线路》《配电站房》4个分册。

本书为《架空线路》分册，共分6章，详细规范了10kV及以下配电网线路工程杆塔组立、金具和绝缘子安装、导线架设及固定、柱上设备安装、线路标识牌安装等的施工检修工艺标准。

本书可供配电网施工人员和技术管理人员参考使用。

图书在版编目（CIP）数据

配电网工程施工工艺手册.架空线路／国网湖南省电力有限公司组编.—北京：中国电力出版社，2020.6（2024.1重印）

ISBN 978-7-5198-4286-4

Ⅰ.①配… Ⅱ.①国… Ⅲ.①架空线路−配电线路−工程施工−图集 Ⅳ.① TM727-64

中国版本图书馆 CIP 数据核字（2020）第 020234 号

出版发行：中国电力出版社
地　　址：北京市东城区北京站西街 19 号（邮政编码 100005）
网　　址：http://www.cepp.sgcc.com.cn
责任编辑：丁　钊（zhao-ding@sgcc.com.cn）
责任校对：黄　蓓　常燕昆
装帧设计：张俊霞
责任印制：杨晓东

印　　刷：北京锦鸿盛世印刷科技有限公司
版　　次：2020 年 6 月第一版
印　　次：2024 年 1 月北京第三次印刷
开　　本：880 毫米 ×1230 毫米 32 开本
印　　张：3.125
字　　数：60 千字
印　　数：5001—5500 册
定　　价：28.00 元

编委会

主　　任　张孝军

副 主 任　潘　华　　宋兴荣　　方　杰　　彭佳期　　周亚子

委　　员　陈超强　　龚方亮　　方　庆　　李　期　　欧春来
　　　　　　赵黔红　　刘威勤

编写组

主　　编　陈超强

副 主 编　方　庆　　包依平

编写人员　杨　军　　陈文景　　郑茂杰　　刘庚甲　　文向军
　　　　　　周尚军　　潘　智　　丁强强　　杨　春　　杨　文
　　　　　　李连丰　　陈　成　　代　灿　　许周钊　　刘　熊
　　　　　　杨　生

前　言

为建设结构合理、安全可靠、经济高效的高质量现代配电网，落实国家电网有限公司配电网标准化建设工艺"一模一样"工作要求，有效规范配电网施工检修标准，促进工艺水平的全面提升，国网湖南省电力有限公司特组织专家骨干编写了本工艺图册。

本手册全面覆盖配电网工程建设，共有《配电台区》《架空线路》《电缆线路》《配电站房》4个分册。

本册为《架空线路》分册，共分6章，详细规范了10kV及以下配电网线路工程杆塔组立、金具和绝缘子安装、导线架设及固定、柱上设备安装、接地、线路标识牌及安装的施工检修工艺标准。主要参考依据为《配电网施工检修工艺规范》《国家电网公司配电网工程典型设计（2016年）湖南省电力公司实施方案》等相关技术标准、规范及导则。

本册图文并茂、内容全面、实用性强，可供各级配电网施工人员和技术管理人员均有很好的参考作用。

由于编者水平有限，书中难免有疏漏和不足之处，敬请读者批评指正。

编　者

2020 年 4 月

C目录
ontents

前言

1 杆塔组立
CHAPTER 1

2 金具和绝缘子安装
CHAPTER 2

3 导线架设及固定

4 柱上设备安装

5 接地

6 线路标识牌及安装

CHAPTER 1

1

杆塔组立

1.1 基坑开挖

▶▶ 1.1.1 环形混凝土电杆杆洞开挖

（1）直线杆。顺线路方向位移不应超过设计档距3%，垂直线路方向不应超过50mm。

（2）转角杆。位移不应超过50mm。

（3）电杆基坑深度的允许偏差为+100mm、−50mm。线路电杆埋设深度见表1−1，圆形杆洞、方形杆洞如图1−1、图1−2所示。

表1−1　线路电杆埋设深度表　　　　（m）

杆长	10.0	15.0	18.0
埋深	1.7	2.3（2.5）	2.8

图1−1　圆形杆洞

图1−2　方形杆洞

▶▶ 1.1.2 大弯矩杆

套筒无筋式基础，采用人力开挖或机械开挖，大弯矩杆基础深度见表 1-2，有特殊要求的按设计要求执行。弯矩杆基坑、弯矩杆套筒无筋基础如图 1-3、图 1-4 所示。

表 1-2 大弯矩杆基坑深度表 （m）

杆型	BY-430-18	BY-350-15	BY-350-12
坑基	1.8 × 1.8 × 3.2 （长 × 宽 × 高）	1.8 × 1.8 × 2.7 （长 × 宽 × 高）	1.8 × 1.8 × 2.2 （长 × 宽 × 高）

图 1-3 弯矩杆基坑 　　　　图 1-4 弯矩杆套筒无筋基础

▶▶ 1.1.3 钢管杆

钢基杆基础包括台阶式基础、灌注桩基础、钢管杆基础三类。基坑按设计要求进行挖掘。

1.2 混凝土浇筑

▶▶ 1.2.1 大弯矩杆

（1）套筒外围基础混凝土强度标准不小于 C20（特殊情况下按设计要求），浇筑前应有钢筋复检试验报告，混凝土建议采用商品混凝土（见图 1–5）。

（2）电杆与杆口之间混凝土强度标准不小于 C25 细石混凝土。

图 1–5　弯矩杆基础浇筑

▶▶ 1.2.2 钢管杆

（1）台阶式基础混凝土必须一次浇注完成。

（2）浇筑前应对地脚螺栓进行保护，浇筑完成后应及时清除地脚螺栓上的残余水泥砂浆。

（3）保护帽采用高于相应基础混凝土强度等级的细石混凝土。宽度不小于塔脚板边缘 50mm，保护帽高度高于地脚螺栓 50mm。

（4）钢管杆整根及各段的弯曲度不超过其长度的 2/1000。

钢管基础浇筑、钢管基础保护浇筑如图 1-6、图 1-7 所示。

图 1-6 钢管基础浇筑　　　　图 1-7 钢管基础保护

1.3 混凝土电杆组立

▶▶ 1.3.1 环形混凝土单电杆组立应符合下列规定

（1）直线杆的横向位移不应大于 50mm。

（2）直线杆的顺线路方向位移不应超过设计档距的 3%，电杆的杆顶倾斜不应大于杆顶直径的 1/2。

（3）转角杆组立时应向外角预偏，紧线后不应向内角倾斜，向外角的倾斜，但不应大于一个杆顶直径，转角杆顺线路、横线路方向的位移均不应大于 50mm。

（4）分支杆应向拉线侧倾斜，杆顶倾斜位移不得大于杆顶直径。

（5）终端杆应向拉线受力侧预偏，其预偏值不应大于杆顶直径。紧线后不应向受力侧倾斜。直线杆、直线杆全景、转角杆、终端杆如图 1-8~ 图 1-11 所示。

图 1-8　直线杆　　　　　　图 1-9　直线杆全景

图 1-10 转角杆   图 1-11 终端杆

▶▶ 1.3.2 环形混凝土双电杆组立应符合下列规定

（1）直线杆结构中心与中心桩之间的横向位移，不应大于50mm；转角杆结构中心与中心桩之间的横、顺向位移，不应大于50mm。

（2）迈步不应大于30mm。

（3）根开允许偏差应为 ±30mm。

（4）两杆高低差不应大于20mm，双杆组立如图1-12所示。

图 1-12 双杆组立

▶▶ 1.3.3 法兰连接式杆

（1）法兰盘连接面应光洁，保持结合紧密，采用强度6.8级螺杆可靠连接，螺杆由下向上穿安装。

（2）安装连接好后整杆的倾斜度不得大于立柱长度的0.5%，螺杆及法兰要做防锈处理，应涂刷防锈漆或采取其他防锈措施。法兰连接杆、法兰连接杆组立如图1-13、图1-14所示。

图1-13 法兰连接杆　　　　图1-14 法兰连接杆组立

▶▶ 1.3.4 焊接连接式杆

（1）焊缝的加强面，其高度和遮盖宽度应符合表1-3的规定。

表1-3 焊接连接式杆要求　　　　　（mm）

项目	钢圈厚度	
	< 10	10~20
高度	1.5~2.5	2~3
宽度	1~2	2~3

（2）焊缝表面应呈平滑的细鳞形与基本金属平缓连接，无折皱、间断、漏焊及未焊满的陷槽，无裂缝，金属咬边深度不大于0.5mm且不应超过圆周长的10%，并按要求进行防锈处理。应涂刷防锈漆或采取其他防锈措施。焊接连接杆如图1-15所示。

图 1-15 焊接连接杆

▶▶ 1.3.5 大弯矩杆

（1）立杆时杆向外侧倾斜杆顶的 1/2。

（2）电杆与杆口之间填充混凝土要达到设计强度的 70% 方可进行上半部吊装。

▶▶ 1.3.6 钢管杆

向受力侧反方向预偏，直线杆的倾斜不应超过杆高的 0.5%，转角和终端杆倾斜不大于杆身高度的 1.5%。法兰连接式钢管杆应按线路角度位置正确连接。防盗螺栓的防盗销应安装到位，扣紧螺母安装齐全，防盗螺栓的防盗帽位置、开口方向应统一。法兰杆组立、钢管杆组立如图 1-16、图 1-17 所示。

图 1-16　法兰杆组立　　　　　图 1-17　钢管杆组立

1.4 混凝土电杆组立其他要求

▶▶ 1.4.1 环形混凝土电杆基础

电杆组立后回填土时应将土块打碎，基坑每回填 300mm 夯实一次。回填土后的电杆应有防沉土台，培土高度应超过地面300mm，土层上部面积不得小于坑口面积。沥青路面、水泥地面或砌有水泥花砖的路面不设置防沉土台。防沉土台如图 1-18 所示。

图 1-18　防沉土台

▶▶ 1.4.2 环形混凝土电杆检查

（1）钢筋混凝土电杆表面应光洁平整，壁厚均匀，无露筋、偏筋、漏浆、掉块等现象。

1）混凝土电杆杆身应无纵向裂纹，横向裂纹宽度不应大于0.1mm，长度不允许超过1/3周长且1000mm内横向裂纹不超过3处。

2）钢筋混凝土电杆杆身弯曲不超过杆长的1/1000。

（2）混凝土电杆上端应封堵，下端不应封堵，留有的放水孔应打通。

▶▶ 1.4.3 环形混凝土电杆埋深

混凝土电杆在组立前应在根部标有明显埋入深渡标志（厂家有永久埋深标志的除外），埋入深度应符合表1–1要求。电杆埋深标志如图1–19所示。

图 1–19　电杆埋深标志

CHAPTER

2

金具和
绝缘子安装

2.1 横担安装

▶▶ 2.1.1　横担及附件的安装

（1）横担、抱箍、连板、垫铁、拉线棒、螺栓、螺母应热镀锌，锌层应均匀，无漏镀、锌渣锌刺；不应有裂纹、砂眼及锈蚀，不得采用切割、拼装焊接方式制成，不得破坏镀锌层。

（2）单横担安装，直线杆应装于受电侧，分支杆、90°转角杆（上、下）及终端杆应装于拉线侧。

（3）横担安装位置距离杆顶的计算是横担安装好后横担的两穿心螺孔中心连线为水平中线离杆顶的距离为准，这个距离宜按使用横担长度的1/2进行调整，如使用的横担长度为1600mm，横担水平中线离杆顶距离宜为800mm。

▶▶ 2.1.2　线路横担的安装

（1）横担端部上下歪斜不应大于20mm，左右扭斜不应大于20mm。

（2）双杆的横担。横担与电杆连接处的高差不应大于连接距离的5/1000，左右扭斜不应大于横担总长度的1/100。

（3）单回线路导线为水平排列时，横担上平面距杆顶，10kV线路不应小于300mm，低压线路不应小于200mm。导线为三角排列时，横担长度为1600mm时，横担水平中心线距杆顶宜为

800mm。10kV 单回直线横担安装、380V 直线横担安装如图 2-1、图 2-2 所示。

图 2-1　10kV 单回直线横担安装　　图 2-2　380V 直线横担安装

（4）380V 线路多回路线路上下横担间垂直距离不应小于 600mm，同为绝缘导线垂直距离不应小于 300mm。10kV 双回直线横担安装、380V 双回直线横担安装如图 2-3、图 2-4 所示。

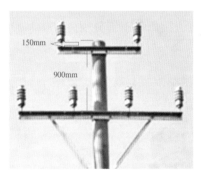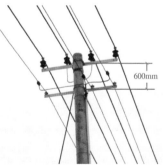

图 2-3　10kV 双回直线横担安装　　图 2-4　380V 双回直线横担安装

（5）10kV、380V 线路（裸导线）同杆架设时上下横担距离不应小于 1200mm，如图 2-5 所示。双回同为绝缘导线时不应小于 1000mm。

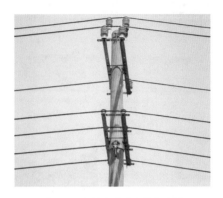

图 2-5 高低线路共杆横担安装

（6）45°及以下转角杆，横担应安装转角之内角的角平分线上，如图 2-6 所示。

（7）10kV 线路单回线路大于 45°的转角横担采用上、下两层安装时横担间距不应小于 450mm，上层横担距杆顶不应小于 1050mm，如图 2-7 所示。双回三角形排列线路大于 45°转角时，采用四层横担安装方式，其间距由上至下分别为 600、600、900mm。

图 2-6 10kV 双回转角小于 45°横担安装

图 2-7　10kV 单回转角大于 45° 横担安装

（8）380V 线路转角大于 45° 必须采用上下两层横担且与分支横担上下两层间距都不应小于 300mm。

380V 线路分支横担安装、10kV 线路分支横担安装如图 2-8、图 2-9 所示。

图 2-8　380V 线路分支横担安装　　图 2-9　10kV 线路分支横担安装

（9）10kV（380V）线路终端杆的横担应安装与拉线方向成90°，水平布线安装时横担距杆顶距离不应小于 200mm。380V 线路终端横担安装、10kV 线路耐张杆横担安装如图 2-10、图 2-11 所示。

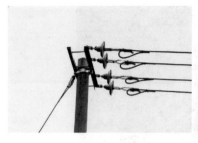 

图 2-10　380V 线路终端横担安装　　图 2-11　10kV 线路耐张杆横担安装

（10）中、低压同杆架设多回线路，裸导线和绝缘线横担间最小垂直距离分别见表 2-1 和表 2-2。

表 2-1　同杆架设裸导线线路横担间的最小垂直距离

（m）

导线排列方式	直线杆	分支杆或转角杆
10kV 与 10kV	0.8	0.45/0.6（注）
10kV 与 1kV 以下	1.2	1
1kV 以下与 1kV 以下	0.6	0.3

注　转角或分支线如果为单回线，则分支线横担距主干线横担为 0.6m；如果为双回线，则分支线横担距上排主干线横担为 0.45m，距下排主干线横担为 0.6m。

表 2-2　同杆架设绝缘线横担间的最小垂直距离

（m）

导线排列方式	直线杆	分支杆或转角杆
10kV 与 10kV	0.5	0.5

导线排列方式	直线杆	分支杆或转角杆
10kV 与 1kV 以下	1.0	—
1kV 以下与 1kV 以下	0.3	0.3

▶▶ 2.1.3　螺栓连接的构件应符合下列规定

（1）螺杆应与构件面垂直，螺头平面与构件间不应有空隙。

（2）螺栓紧好后，螺杆丝扣露出的长度。

1）单螺母不应少于 2 个螺距。

2）双螺母可与螺杆端面齐平。

3）应加垫圈者，每端垫圈不应超过 2 个。

▶▶ 2.1.4　螺栓的穿入方向应符合下列规定

（1）立体结构。

1）水平方向者由内向外。

2）垂直方向者由下向上。

（2）平面结构。

1）顺线路方向。双面构件由内向外，单面构件由送电侧向受电侧或按统一方向。

2）横线路方向。两侧由内向外，中间由左向右（面向受电侧）或按统一方向。

3）垂直方向。由下向上。

2.2 接续金具安装

接续金具用于导线与导线、导线与接地线的连接，采用 C 形线夹。安装时要求连接可靠、牢固，位置相同、工艺美观。连接导线的 C 形线夹采用双线夹安装固定，安装间距为 30~50mm。 10kV 绝缘导线连接如图 2-12 所示。

图 2-12　10kV 绝缘导线连接

▶▶ 2.2.1　悬垂线夹、耐张线夹的安装

悬垂线夹用于 10kV 及以上架空线路直线杆塔上导地线的安装固定及非直线杆塔上跳线的固定。耐张线夹用于架空线路耐张杆塔上导地线终端的固定及杆塔拉线终端的固定。耐张线夹在 380V 及以上线路使用，按其结构和安装方式可分为压缩型、螺栓型和楔形等。绝缘导线耐张线夹在 10kV（380V）线路上使用，采用剥皮安装和不剥皮安装两种安装方式（多雷地区宜采用剥皮安装方式）。剥皮安装时裸露带电部位须加绝缘罩或包覆绝缘带保护，并做防水处理。安装时根据导地线选择型号与悬式绝缘子、连接金

具组成耐张串并连接可靠、牢固。10kV（380V）线路接地验电环安装、10kV 线路防振锤安装如图 2-13、图 2-14 所示。

图 2-13　10kV（380V）线路接地验电环安装　　图 2-14　10kV 线路防振锤安装

▶▶ 2.2.2　防护金具安装

处于风口或大档距的导地线需安装防振锤，防止导线舞动。安装时在连接导线处缠绕铝包带，螺栓拧紧，连接可靠，距耐张线夹位置 600mm，需多组安装时，两组间距 200mm。裸导线悬垂线夹、耐张线夹处及绝缘导线剥皮安装连接导线处缠绕铝包带。

▶▶ 2.2.3　绝缘穿刺接地线夹安装

10kV（380V）绝缘线路起始杆、耐张杆、分支杆、终端杆及一个耐张线路段内连续达 10 基直线杆必须在中间杆上安装一组绝缘穿刺接地线夹（接地验电挂环），耐张杆、分支杆上绝缘穿刺接地线夹安装在距离耐张线夹连接螺杆 400mm 处，分支杆安装在分支线路上受电侧，耐张杆安装在电源侧。直线杆上绝缘穿刺接地线夹安装在距离绝缘子 800mm 处，朝向电源侧。

2.3 绝缘子安装

（1）10kV 线路使用针式、柱式、复合绝缘子时，绝缘子与横担垂直，无倾斜，应有一平一弹簧垫圈或使用双螺母以防松脱，绝缘子顶部线槽与导线方向一致（见图 2-15）。

（2）380V 线路上使用蝴蝶绝缘子时，安装在横担、墙担上时，穿心螺杆上下必须使用方垫圈防脱落。

复合绝缘子安装、柱式绝缘子安装如图 2-15、图 2-16 所示。

图 2-15　复合绝缘子安装

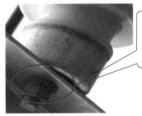

图 2-16　柱式绝缘子安装

▶▶ 2.3.1　防雷绝缘子安装

（1）对雷害事故频发的线路段，防雷绝缘子应逐基电杆逐相安装。在地闪密度等级为 C2 级以下地区（线路跨地闪密度区域按更高地闪密度执行），根据区段评估状态、地形和故障点分布，对如下线路区段连续配置柱式防雷限压装置或防雷防冰复合绝缘子，但不全线加装：

1）区段防雷评估为异常或严重状态区段。

2）独立山头（山包、大堤等）区段。

3）山脊（分水岭）区段。

4）山南面连续上坡区段。

5）沿水体架设区段。

6）线路高度高于周边的建筑物、树木区段。

7）故障点或多次跳闸区域。

8）其他易遭受雷击地形。

（2）区域内线路安装数量依据地闪密度等级划分如下：

1）地闪密度等级 C2 级。连续配置杆塔数量不少于 15 基。考虑雷击分散性，建议整线配置比例不低于 50%。

2）地闪密度等级 C1 级。连续配置杆塔数量不少于 10 基。考虑雷击分散性，一般整线配置比例不低于 30%。防雷绝缘子安装如图 2-17 所示。

必须与接地导线相连接

图 2-17　防雷绝缘子安装

（3）与横担垂直，无倾斜，绝缘导线应剥皮安装，螺栓固定后加装绝缘套。接地端与接地体可靠牢固连接。

▶▶ 2.3.2　悬式绝缘子安装

（1）绝缘子安装前应逐个将表面擦干净，并进行外观检查。

（2）安装时应检查碗头、球头与弹簧销子之间的间隙；在安装好弹簧销子的情况下，球头不得自碗头中脱出。

（3）耐张串上的弹簧销子、螺栓及穿钉应由上向下穿。当有特殊困难时，可由内向外或由左向右穿入。金具上所使用的闭口销的直径必须与孔径配合且弹力适度。销子一律向下穿，开口销应对称开口，开口角度应为 30°~60°，闭口销或开口销不应有折断、裂纹等现象，严禁用线材或其他材料代替开口销子。悬式绝缘子安装如图 2-18 所示。

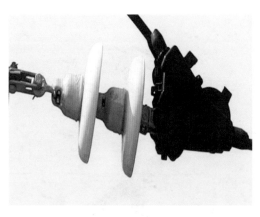

图 2-18　悬式绝缘子安装

2.4 拉线安装

▶▶ 2.4.1　拉线基坑

　　拉线坑必须定位在实处，不得定在土质松软的淤泥、河坎上；不得将淤泥、容易腐烂不实的杂物填入拉线坑内，以防拉线盘受力后外拔。拉线基坑开挖深度应满足设计要求，基坑深度允许偏差为 +100mm、–50mm，根据设计的拉线角度从拉线基坑向电杆方向开一个"马道"。

▶▶ 2.4.2　拉线盘安装

　　拉线盘表面应平整，不应有蜂窝、露筋、裂缝、漏浆等现象，预应力钢筋混凝土预制件不应有纵、横向裂纹，普通钢筋混凝土预制件不应有纵向裂纹，拉线盘的埋设深度一般不小于 1.2m。拉线盘与拉线棒使用拉盘环连接，拉线盘凸面朝下。拉线盘与拉线棒连接安装、拉线马道如图 2-19、图 2-20 所示。

拉线盘与拉线棒使用拉盘环连接

拉线盘凸面朝下安装连接

图 2-19　拉线盘与拉线棒连接安装

图 2-20　拉线马道

▶▶ 2.4.3 拉线棒埋设

拉线棒置于"马道"内校正拉线盘方向，拉线棒应与拉线盘垂直，回填土时应将土块打碎，基坑每回填 300mm 夯实一次；回填土后的应有防沉土台，其培土高度应超出地面 300mm。拉线棒露出地面长度应控制在 500~700mm，如图 2-21 所示。

图 2-21　拉线棒出土长度

▶▶ 2.4.4 拉线制作安装

（1）普通单拉线制作。

1）钢绞线的尾线应在线夹舌板的凸肚侧，楔形线夹尾线留取长度 200~300mm，UT 线夹尾线留取长度应为 300~500mm。

2）钢绞线与舌板应接触紧密，受力后无滑动现象，回转部分应留有缝隙，安装后不得损伤拉线，钢绞线并不应有松股。

3）带绝缘子的拉线，拉线绝缘子上部的上端楔形线夹凸肚向下，下端的楔形线夹的凸肚水平，拉线绝缘子下部的上端楔形线夹凸肚向下。拉线绝缘子悬垂时距离地面应高于 2.4m,低于穿越最下层带电导线。

4）钢绞线的尾线在距线头 100mm 处绑扎，绑扎长度应为 80~100mm ；钢绞线端头弯回后应用直径为 2mm 镀锌铁线绑扎紧；绑扎时切勿破坏镀锌层，扎丝应做回头。

5）扎线及尾线端头上涂红油漆进行防锈处理。

拉线绝缘子制作、拉线尾线绑扎及防锈如图 2-22、图 2-23 所示。

图 2-22　拉线绝缘子制作　　图 2-23　拉线尾线绑扎及防锈

6）同组拉线使用两个线夹时，则线夹尾线端的方向应统一。

（2）普通单拉线安装。

1）拉线应采用专用的拉线抱箍。

2）拉线抱箍一般装设在相对应的横担下方，距横担中心线 100mm 处。拉线抱箍安装、拉线防撞护管和防沉土如图 2-24、图 2-25 所示。

图 2-24　拉线抱箍安装　　　　图 2-25　拉线防撞护管和防沉土

3）在道路边上的拉线应装设警示保护套管。

4）拉线对地夹角应为 45°，受限制时在 30°~60°；从导线之间穿过时，应装设一个拉线绝缘子，断开后对地不应小于 2.5m。

5）拉线底把应采用热镀锌拉线棒，安全系数不小于 3，最小直径不应小于 16mm。

6）拉线地锚必须安装在地面或现浇混凝土构件上（梁、柱），安装在墙上的必须做防锈处理。

7）同一方向多层拉线的拉锚应不共点，保证有两个或两个以上拉锚。

8）UT 线夹安装。U 形螺栓丝杆涂上润滑剂，套进拉线棒环后穿入 UT 线夹，凸肚方向向下，调节螺母拉线受力后撤出紧线器。拉线调好后拧紧两个螺母，螺母拧紧后螺杆应露扣，并保证不小于 1/2 丝杆的长度，以供调节。螺栓外露长度不得大于全部螺纹长度的 1/3，也不得小于 20mm，一般长度为 20~50mm。其舌板应在 U 形螺栓的中心轴线位置。UT 线夹安装如图 2-26 所示。

图 2-26 UT 线夹安装

（3）V 形拉线。V 形拉线使用共同拉线盘，组成 V 形拉线的两条拉线应受力均匀一致。当拉线位于交通要道或人易接触的地方，须加装警示保护管套。保护套管上端距地面垂直距离不小于 2m，拉线应采用专用的拉紧绝缘子。两根拉线不能共一根拉线棒。V 形拉线上端、下端如图 2-27、图 2-28 所示。

图 2-27 V 形拉线上端

图 2-28 V 形拉线下端

（4）水平拉线。水平拉线柱的埋设深度不应小于杆长的 1/6，拉线距路面中心的垂直距离不应小于 6m，拉线柱坠线与拉线柱夹角不应小于 30°，拉线柱应向受力反方向倾斜 10°~20°，坠线上端距杆顶应为 250~300mm；跨越道路的拉线应采用专用的拉紧绝缘子，均应装设警示保护套管。水平拉线、弓形拉线如图 2-29、图 2-30 所示。

图 2-29　水平拉线　　　　　图 2-30　弓形拉线

（5）弓形拉线。弓形拉线耐张段不宜过长，一般为 5 挡（200m 以内）。所拉电杆高度一般不高于 10m，导线截面不大于 70mm²。电杆向外角预偏，其杆顶位移不大于杆顶直径，拉线采用专用拉紧绝缘子和专用抱箍。

（6）顶（撑）杆。

1）顶杆底部埋深不小于 0.5m，应采取防沉措施。

2）与主杆之间夹角应满足设计要求，允许偏差为 ±5°。

3）顶杆杆头与主杆连接应紧密、牢固。

▶▶ 2.4.5　拉线调整检查

（1）当一基电杆上装设多条拉线时，各条拉线的受力应一致。

（2）杆塔的拉线应在监视下对称调整。

（3）对一般杆塔的拉线应及时进行调整收紧。对设计有初应力规定的拉线，应按设计要求的初应力允许范围且观察杆塔倾斜不超过允许值的情况下进行安装与调整。

（4）架线后应对全部拉线进行复查和调整，拉线安装后应符合下列规定：

1）拉线与拉线棒应呈一直线。

2）X形拉线的交叉点处应留足够的空隙。

3）组合拉线的各根拉线应受力均衡。

2.5 顶抱箍安装

（1）顶抱箍分为单顶单抱箍、单顶双抱箍、双顶单抱箍、双顶双抱箍（属于加强型）。

（2）单顶单抱箍、双顶单抱箍安装好后，单抱箍式的抱箍两螺杆中心连线及水平中线距杆顶距离150mm。双抱箍式的底部抱箍两螺孔中心连线及水平中线距杆顶距离350mm。单顶双抱箍、单顶单抱箍如图2-31、图2-32所示。

（3）单顶单抱箍（单固定板）适用短脚式绝缘子且绝缘子固定支架安装在受电侧，安装在不受力的直线杆或在耐张杆中线使用。双抱箍适用的长脚式绝缘子，安装在受力的杆塔上。双顶双抱箍式、双抱箍式安装长脚柱式绝缘子如图2-33、图2-34所示。

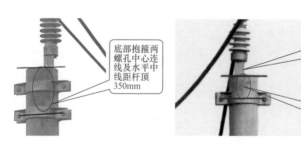

图2-31　单顶双抱箍　　　　图2-32　单顶单抱箍

双抱箍顶铁
应使用长脚
（M）柱式
绝缘子

图 2-33　双顶双抱箍　　图 2-34　双抱箍式安装长脚柱式绝缘子

CHAPTER 3

3

导线架设及固定

3.1 导线架设

▶▶ 3.1.1　放线前检查

导线规格、型号应符合设计要求；裸导线不应有松股、交叉、折叠、断裂及破损等缺陷，镀锌层应良好，无锈蚀；绝缘导线不应有严重腐蚀现象，绝缘线端部应有密封措施，绝缘层应紧密挤包，目测同心度应无较大偏差，表面平整圆滑、色泽均匀，无尖角、颗粒，无烧焦痕迹。放线前线盘检查、线缆检查如图 3-1、图 3-2 所示。

检查裸导线线径等

检查绝缘导线绝缘层的厚度等

图 3-1　放线前导线检查　　　　图 3-2　放线前线缆检查

▶▶ 3.1.2　线盘布置

（1）放线前应先制订放线计划，合理分配放线段；导线布置在交通方便、地势平坦处。地形有高低时，应将线盘布置在地势较高处，减轻放线牵引力，尽量将长度接近的线轴集中放在各耐张杆处。

（2）根据地形，适当增加放线段内的放线长度。

（3）应设专人看守，并具备有效制动措施。

（4）临近带电线路施工线盘应可靠接地。

线盘布置如图3-3所示。

将线盘用支架将固定导线从上方展放

图3-3　线盘布置

3.2 放线操作

（1）放线架应支架牢固，出线端应从线轴上方抽出，并应检查放出导线的质量。放线架检查如图 3-4 所示。

放线前检查放线支架是否牢固

图 3-4　放线架检查

（2）在每基电杆上应设置滑轮，把导线放在轮槽内。导线放入轮槽、横担设置滑轮如图 3-5、图 3-6 所示。

每基电杆上设置滑轮导线放进滑轮槽里，并锁好

图 3-5　导线放入轮槽里

图 3-6　横担设置滑轮

（3）10kV 及以下架空电力线路的导线初伸长对弧垂的影响，可采用减少弧垂法补偿，弧垂减小率应符合以下规定：铝绞线或绝缘铝绞线采用 20%，钢芯铝绞线采用 12%。

（4）绝缘线放线时，不得在地面、杆塔、横担、绝缘子或其他物体上拖拉，以防损伤绝缘层。

（5）对已展放的导线应进行外观检查，不应发生磨伤、断股、扭曲、金钩、断头等现象，并视情况做相应的处理。

3.3 人力放线

（1）人力牵引导线放线时专人领线，拉线人员相互之间保持适当距离，均匀布开，行走时要在同一直线上，放线速度要均匀。

（2）领线人员应对准前方，随时注意信号，如图 3-7 所示。

图 3-7　人力放线

3.4 机械牵引放线

（1）将牵引绳分段运至施工段内各处，使其依次通过放线滑车。

（2）牵引绳之间用旋转连接器或抗弯连接器连接贯通。

（3）用机械卷回牵引绳，拖动架空导线展放，如图 3-8 所示。

图 3-8　机械牵引放线

3.5 耐张杆塔补强

（1）当以耐张杆塔作为操作或锚线杆塔紧线时，应设置临时拉线（临时拉线一般使用钢丝绳或钢绞线，采用一锚一线）。

（2）临时拉线装设在耐张杆塔导线的反向延长线上。

（3）临时拉线对地夹角宜 30°~45°。

（4）临时拉线在地面未固定前，不得登杆作业。

临时拉线、登杆作业如图 3-9、图 3-10 所示。

检查登杆工具是否合格，杆基、杆身是否牢固，登杆全程使用安全带保护

图 3-9　临时拉线　　　　图 3-10　登杆作业

3.6 紧线

（1）绝缘子安装前应逐个将表面擦干净，并进行外观检查。

（2）安装时应检查碗头、球头与弹簧销子之间的间隙；在安装好弹簧销子的情况下，球头不得自碗头中脱出。

（3）紧线顺序。10kV线路导线三角排列，宜先紧中导线，后紧两边导线；导线水平排列，宜先紧中导线，后紧两边导线；导线垂直排列时，宜先紧上导线，后紧中、下导线，如图3-11所示。380V/220V线路先两边后中间，如图3-12所示。紧线顺序如图3-13所示。

图 3-11 10kV 线路紧线

图 3-12 380V 线路紧线

图 3-13　紧线顺序

（4）绝缘线展放中不应损伤导线的绝缘层和出现扭、弯等现象，接头应符合相关规定，破口处应进行绝缘处理。

（5）10kV/（380V/220V）导线弛度误差不得超过 –5% 或 +10%，一般同一档距内弛度相差不宜超过 50mm。

（6）在紧线端先用人力或绞磨抽余线，当导线离开地面后应停止抽线。

（7）当导线接近计算弧垂时，注意导线与地面、公路、拉线、电杆或构架之间安装后的净空距离是否在安全值范围内。

3.7 导线固定

（1）导线固定及附件安装。

1）导线的固定应牢固、可靠。绑线绑扎应符合"前三后四双十字"的工艺标准，绝缘子底部要加装弹簧垫；绝缘导线在绝缘子或线夹上固定应缠绕粘布带，缠绕长度应超过接触部分 30mm，缠绕绑线应采用不小于 2.5mm^2 的单股塑铜线，严禁使用裸导线绑扎绝缘导线。10kV（380V）线路使用耐张线路紧线后，尾线回绑至主线上，10kV 线路尾线可直接连到开关端头。导线固定绑扎如图 3-14 所示。

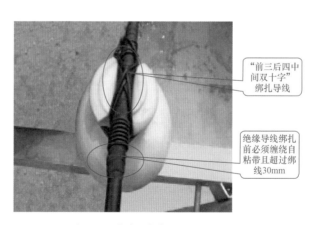

图 3-14 导线固定绑扎

2）紧线弧垂在挂线后应随即在观测档检查，弧垂需符合要求，不应出现弧垂不一致、导线歪扭、弯曲、导线过松或过紧等情况；

10kV 及以下架空电力线路的导线紧好后，弧垂的误差不应超过设计弧垂的 ±5%。同档内各相导线弧垂宜一致，导线水平排列时，每相弧垂相差不大于 50mm，如图 3-15 所示。

图 3-15　同档内各相导线弧垂宜一致

（2）导线连接。

1）铝绞线及钢芯铝绞线在档距内承力连接，一般采用钳压接续管或采用预绞式接续条；10kV 绝缘线及低压绝缘线在档距内承力连接，一般采用液压对接接续管；对于绝缘导线，接头处应做好防水密封处理；不同金属、不同规格、不同绞向的导线，严禁在档内连接；在一个档距内，每根导线接头不应超过一个；接头距导线固定点（绝缘子）的距离，不应小于 500mm。

2）10kV（380V）架空电力线路当采用跨径线夹连接引流线时，对于绝缘导线，异形并沟线夹数量不应少于 2 个；当采用节能安普线夹、C 形线夹、H 形液压线夹或弹射楔形线夹时，可使用 1 个，并使用专用工具安装，楔形线夹应与导线截面匹配，安装牢固；高压引下线三相连接接头方向应一致且全部朝向电源侧。

3）连接面应平整、光洁，导线及并沟线夹槽内应清除氧化膜，涂电力复合脂。

4）铜绞线与铝绞线的接头，宜采用铜铝过渡线夹、铜铝过渡线，或采用铜线搪锡插接。

绝缘线连接、接跳线搭头如图 3–16、图 3–17 所示。

图 3–16　绝缘线连接　　　　　图 3–17　T 接跳线搭头

C H A P T E R

4

柱上设备安装

4.1 柱上断路器、负荷开关的安装

▶▶ 4.1.1　单杆柱上断路器、负荷开关的安装

（1）断路器、负荷开关（以下简称开关）。正下方安装：开关安装位置位于导线的正下方，电源侧或便于操作面。侧位下方安装：是面向受电侧的右手侧与线路成直角方向（线路横担正下方），避雷器接地引下线安装在电杆电源侧（中间导线正下方），外加隔离开关组合的，隔离开关采用倾斜式安装方法。正下方安装、侧位下方安装如图 4-1、图 4-2 所示。

 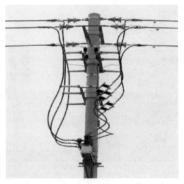

图 4-1　正下方安装　　　　　图 4-2　侧位下方安装

（2）内置隔离开关悬挂式安装。开关接线桩子与线路下层横担水平垂直离 600mm，避雷器横担安装在开关的下方且避雷器带电桩头与开关接线桩头垂直水平距离大于等于 400mm。内置隔离

开关悬挂侧位安装、托架安装如图 4-3、图 4-4 所示。

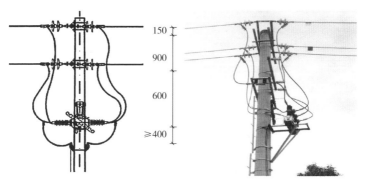

图 4-3　内置隔离开关悬挂侧位安装　　　　图 4-4　托架安装

（3）外置隔离开关托架式安装。开关接线桩子与线路下层横担垂直水平距离 600mm，即下层导线与开关支架垂直水平距离 1m 隔离开关静触头为电源端，避雷器安装在支架上。外置隔离开关托架侧位安装、侧位托架式如图 4-5、图 4-6 所示。

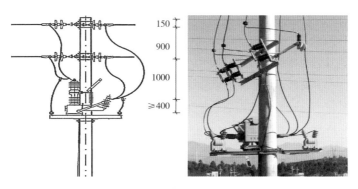

图 4-5　外置隔离开关托架侧位安装　　　　图 4-6　侧位托架式

（4）外加单侧隔离开关悬挂式安装。隔离开关静触头水平面与最下层横担垂直距离 600mm，隔离开关下端带电部位与开关接线桩头垂直水平距离 800mm，避雷器带电桩头与开关接线桩头垂直水平距离不小于 400mm 正下方处。外置隔离开关悬挂侧位安装如图 4-7 所示。

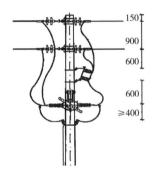

图 4-7　外置隔离开关悬挂侧位安装

（5）外加双侧隔离开关悬挂式安装。与外加单侧隔离开关安装要求一致。

▶▶ 4.1.2　双杆安装

（1）双杆根开为 2500mm，进出两端安装隔离开关和避雷器。

（2）隔离开关静触头垂直距离最下层线路下方 600mm 的部位，隔离开关动触头垂直距离台架 1200mm，隔离开关下桩头与避雷器带电桩头水平垂直距离大于 400mm。双杆台架安装现场图、典型设计图如图 4-8、图 4-9 所示。

图 4-8 双杆台架安装现场

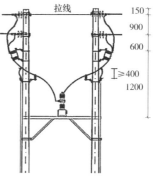

图 4-9 双杆台架安装典型设计

4.2 柱上隔离开关安装

（1）隔离开关支架固定在电杆上的安装方式。隔离开关安装现场图、典型设计如图 4-10、图 4-11 所示。

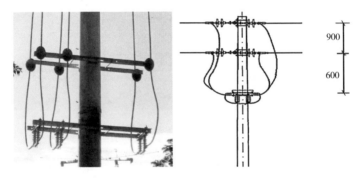

图 4-10　隔离开关安装现场　　　图 4-11　隔离开关安装典型设计

开关本体固定在横担上的水平度分水平安装方式、倾斜式安装方式（与电杆垂直面向外倾斜 15°~30°）。隔离开关倾斜式安装、水平式安装如图 4-12、图 4-13 所示。

图 4-12　隔离开关倾斜式安装　　图 4-13　隔离开关水平式安装

（2）柱上隔离开关安装在横担支架上，支架安装应牢固、平整、水平面倾斜不应大于 1%，用热镀锌螺栓固定牢固，高位安装式支架一般安装在距离下层导线 600mm 的位置，低位安装式支架横担与地面垂直距离 4.5m 以上的位置且选便于操作的线路正下方。

（3）引下线、出线长度超过 2.5m 时必须安装增加引线横担，最下层横担安装在距离开关接线桩头垂直距离 800mm 的位置采用双横担。静触头安装在电源侧，动触头安装在负荷侧。静触头接电源如图 4-14 所示。

图 4-14　静触头接电源

4.3 柱上无功补偿装置安装

　　无功补偿器杆上安装由上到下分别是跌落式熔断器、避雷器、无功补偿器。跌落式熔断器上桩头与最下层导线垂直水平距离 600mm，跌落式熔断器上接线桩头与跳线横担的绝缘子水平垂直距离 500mm，无功补偿器接线桩头与跳线绝缘子水平垂直距离 400mm，避雷器与跳线绝缘子采用双横担形式安装，接地线顺电源方向电杆内侧引下。柱上无功补偿器安装如图 4-15 所示。

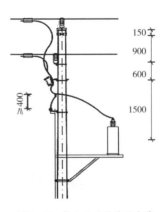

图 4-15　柱上无功补偿器安装

4.4 柱上高压计量装置安装

　　高压计量装置前应安装隔离开关一组、避雷器一组、断路器一个，隔离开关静触头与最下层导线垂直水平距离的 600mm 处。避雷器接线桩头与隔离开关下桩头水平垂直距离 400mm，避雷器接线桩头与跳线绝缘子水平垂直距离 400mm，高压计量箱接线桩头与跳线绝缘子顶端水平距离 200mm，高压计量箱与断路器在同一支架上安装，高压计量箱与断路器之间的间距 1m，采集终端箱与高压计量箱支架水平垂直距离 1.2m 或垂直距离地面 3400mm，连接采集电缆使用穿管进行保护。高压计量箱安装如图 4-16 所示。

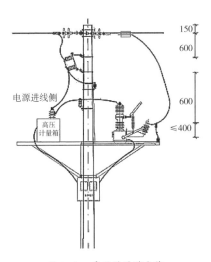

图 4-16　高压计量箱安装

4.5 电缆引下装置安装

（1）电缆引下装置应安装隔离开关一组、避雷器一组，或加装断路器一组。隔离开关安装在最下层导线垂直距离的 600mm，使用引下线横担安装在使电缆安装好后电缆头带电部分至少要保持与地面垂直距离 4500mm 以上，电缆下地必须使用至少露出地面不低于 2500mm 钢管固定保护，钢管使用支架进行固定，钢管头使用封堵泥处理。电缆套管防水处理、电缆带断路器安装、电缆带隔离开关安装如图 4-17~图 4-19 所示。

电缆套管需要进行防进水处理

图 4-17　电缆套管防水处理

图 4-18　电缆带断路器安装

图 4-19　电缆带隔离开关安装

（2）固定点应设在应力锥下和三芯电缆的电缆终端下部等部位，终端头搭接后不得使搭接处设备端子和电缆受力，电缆终端搭接和固定必要时加装过渡排，搭接面应符合规范要求。

（3）避雷器横担与引下线横担使用穿心螺杆平行安装，引下线横担安装在电缆头侧离电缆头垂直距离 400mm。避雷器的引线应在离引下线绝缘子前 100mm 前使用穿刺线夹 T 接，接地环安装位置应安装在穿刺线夹前 400mm 处。

（4）各相终端固定处应加装符合规范要求的衬垫，电缆固定后应悬挂电缆标识牌，标识牌尺寸规格统一。

（5）固定在电缆隧道、电缆沟的转弯处，电缆桥架的两端和采用挠性固定方式时，应选用移动式电缆夹具。所有夹具松紧程度应基本一致，两边螺钉应交替紧固，不能过紧或过松。

▌4.6 配电自动化终端安装

（1）配电自动化终端安装分单杆单侧式、单杆双侧式、双杆式。单杆单侧式配电自动化终端安装、单杆双侧式配电自动化安装、双杆配电自动化终端安装如图4-20~图4-22所示。

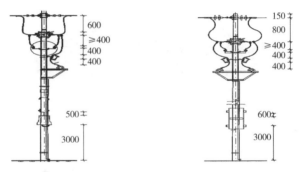

图4-20　单杆单侧式配电自动化终端安装　　图4-21　单杆双侧式配电自动化安装

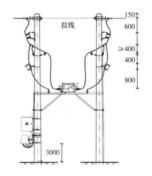

图4-22　双杆配电自动化终端安装

（2）各设备按空间高度安放顺序一般为从上到下柱上断路器、避雷器、跌落开关、TV、光缆通信箱、FTU。光纤通信箱根据光缆搭挂高度可位于FTU下方或同一高度。

（3）FTU的安装离地面高度应不小于3m且位于柱上开关同侧下方，馈线终端宜与柱上开关一一对应安装。

（4）TV（电压互感器）宜采用独立支架固定。

（5）FTU与开关间的线缆（电源电缆、控制电缆等）宜采用穿管等方式统一固定。

4.7 柱上设备安装工艺

（1）所有设备安装在定制的支架或槽钢上，支架、槽钢应安装牢固、平整，水平面倾斜不应大于1%，用热镀锌螺栓固定牢固。开关进出引线使用主线尾线直接连接到开关接线桩头，操作机构应灵活，分合动作正确可靠，指示清晰可见，靠近人行面，便于观察。开关进出线使用主线尾线如图4-23所示。

开关进出线使用导线尾线接入柱上设备接线桩上

图4-23　开关进出线使用主线尾线

（2）接线端子与引线的连接应采用线夹涂抹导电膏及金属记忆合金垫，并对所有裸露部分进行绝缘化处理，如有铜铝连接时应有过渡措施，引线连接紧密，引线的连接处应留有防水弯，引线相间距离不小于 300mm。导线绑扎采用 2.5mm^2 BV 铜芯线进行绑扎。同杆上装设两台及以上断路器或负荷开关时，每台应有各自标识。带保护开关应注意安装方向，TV 应装在电源侧。

CHAPTER 5

5

接地

5.1 接地装置施工工艺规范

▶▶ **5.1.1　接地沟开挖**

接地沟深度应按照设计或规范要求进行开挖，如图5-1所示。

图 5-1　接地沟开挖

▶▶ **5.1.2　垂直接地体加工**

按照设计或规范的要求长度进行垂直接地体的加工。

▶▶ 5.1.3 垂直接地体安装

（1）按照设计图纸的位置安装垂直接地体。

（2）垂直接地体上端的埋入深度应满足设计或规范要求。

（3）按照设计或规范要求采用镀铜垂直接地棒作为垂直接地主材，其直径应不小于 14.2mm，其长度应不小于 1200mm/ 根，其表层镀铜厚度应不小于 0.254mm。

（4）最底部的一根镀铜垂直接地棒的下端应安装生铁材质的尖端头以助其打入更深的地下。

（5）最上端的一根镀铜垂直接地棒应安装生铁材质驱动头以防止棒体在向下冲压时变形。

（6）镀铜垂直接地棒的外螺纹与黄铜连接管的内螺纹之间应拧紧并充分接触粘合，必要时可事先填入导电膏填满其间的缝隙。

（7）打入镀铜垂直接地棒时，操作员必须手扶棒体以控制其晃动幅度在 5° 以内。

（8）垂直接地体最顶端的一根镀铜垂直接地棒（或其引出线）应在断接卡以下部位与设备接地线采用焊接的方式进行有效连接，搭接长度和焊接方式应符合规定。

（9）垂直接地体应在地下与水平接地网采用焊接的方式进行有效连接，搭接长度和焊接方式应符合规定，接头部位应做防腐处理。

垂直接地体如图 5-2 所示。

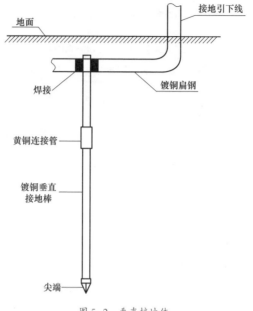

图 5-2　垂直接地体

▶▶ 5.1.4　主接地网敷设、焊接

（1）接地体埋设深度应符合设计规定，当设计无规定时，不应小于 600mm。

（2）主接地网的连接方式应符合设计要求，一般采用焊接，焊接应牢固、无虚焊。对于接地材料为有色金属采用热制焊。

（3）钢接地体的搭接应使用搭接焊。接地网敷设，焊接后在反腐层损坏焊痕外 100mm 内再做防腐处理。搭接长度和焊接方式应符合以下规定：

1）扁钢—扁钢。扁钢为其宽度的 2 倍（且至少 3 个棱边焊接）。

2）圆钢—圆钢。圆钢为其直径的 6 倍（接触部位两边焊接）。

3）扁钢—圆钢。搭接长度为圆钢直径的 6 倍（接触部位两边焊接）。

4）在"十"字搭接处，应采取弥补搭接面不足的措施以满足上述要求。

（4）裸铜绞线与铜排及铜棒接地体的焊接应采用热熔焊方法。热熔焊具体要求为：

1）对应焊接点的模具规格应正确完好，焊接点导体和焊接模具清洁。

2）大接头焊接应预热模具，模具内热熔剂填充密实。

3）接头内导体应熔透。

4）铜焊接头表面光滑、无气泡，应用钢丝刷清除焊渣并涂刷防腐清漆。

（5）采用水平敷设的接地体，在倾斜地形处应沿等高线敷设。建筑物内的接地网应采用暗敷的方式，根据设计要求留有接地端子。

▶▶ 5.1.5 预埋铁件接地连接

应用镀锌层完好的扁钢进行接地，焊接应牢固可靠，无虚焊，搭接长度、截面应符合规范定。多台配电设备应共用预埋型钢。预埋铁件应无断开点，通常应与主接地网有不少于 3 个独立的接地点。

▶▶ 5.1.6 接地沟土回填

接地网的某一区域施工结束后，应及时进行回填土工作。回填土内不得夹有石块和建筑垃圾，不得有较强的腐蚀性。回填土应分层夯实，在回填后的沟面应设置 100~300mm 的防沉土台。

▶▶ 5.1.7　线路设备接地安装

（1）引上接地体与设备连接采用螺栓连接，接触面要求紧密，不得留有缝隙。

（2）设备接地应横平竖直、工艺美观。

（3）要求两点接地的设备，两根引上接地体应与不同网格的接地网或接地干线相连。

（4）每个电气设备的接地应以单独的接地引下线与接地网相连，不得在一个接地引上线上串接几个电气设备。

（5）接地电阻值应符合设计要求。

（6）接地引下线与接地体连接，宜在各引下线上于距地面 500~1800mm 装设断接卡，以便于运行、维护及解开测量接地电阻。接地引下线应紧靠杆身，每 600~800mm 用不锈钢扎带与杆身固定一次。

▶▶ 5.1.8　接地标识

（1）接地体黄绿漆的间隔宽度一致，顺序一致。

（2）明敷接地垂直段离地面 1.5m 范围内采用黄绿相间倾斜 45° 的相色漆进行喷刷，每一色标高度为 100mm，连接接地引线部位和断接卡部位不得刷漆。

5.2 杆塔接地

钢管杆接地要求如下：

（1）10kV钢管杆均应与接地引下线连接，通过多点接地以保证可靠性。

（2）接地体（线）连接应采用焊接，焊接必须牢固无虚焊。用螺栓连接时应设防松螺帽或防松垫片且为热镀锌螺栓。

（3）接地线与杆塔的连接应接触良好可靠，并应便于打开测量接地电阻。

钢管杆接地如图5-3所示。

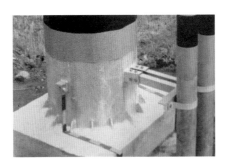

图5-3 钢管杆接地

5.3 线路设备接地

►► 5.3.1　10kV 防雷绝缘子

（1）柱式防雷绝缘子雷电流的释放大部分通过放电间隙，小部分通过横担—杆塔—入地，因此装置仅需通过杆塔自然接地，无需进行接地改造。

（2）对于新建线路，用于直线杆的防雷绝缘子宜每 3 根电杆加一处接地，多雷区应逐基加接地；用于耐张杆的防雷绝缘子，建议每基电杆加一处接地。

►► 5.3.2　10kV 避雷器

安装避雷器线路应在每基电杆处设置接地，接地引下线采用不低于 25mm² 的铜心绝缘线沿电杆内侧敷设，采用带自锁不锈钢扎带固定（间距 1500mm 一根），引上扁铁涂以 100mm 宽度相等的绿色和黄色相间的条纹标示。接地扁铁出地面距离不得低于 3000mm 高置，引下线接地可靠。接地电阻值不大于 10Ω。

►► 5.3.3　380V/220V 线路重复接地

中性点直接接地的低压配电线路，其保护中性线（PEN 线）应在电源点接地，TN–C 系统在干线和分支线的终端处，应将 PEN 线重复接地且接地点不应少于三处。接地电阻值不大于 10Ω。

5.4 柱上设备接地

▶▶ 5.4.1 柱上开关（断路器、负荷开关、隔离开关）接地

线路安装柱上设备应在每基电杆处设置接地，接地引上线采用不低于 25mm² 的铜心绝缘线沿电杆内侧敷设，采用带自锁不锈钢扎带固定（间距 1500mm 一根），引上扁铁涂以 100mm 宽度相等的绿色和黄色相间的条纹标示，接地扁铁出地面距离不得低于 3m 高置。应设防雷装置，避雷器的接地导体（线），应与设备外壳相连，接地装置的接地电阻不应大于 10Ω。

▶▶ 5.4.2 柱上计量装置接地

线路安装柱上计量应在每基电杆处设置接地引上线，采用不低于 25mm² 的铜心绝缘线沿电杆内侧敷设，采用带自锁不锈钢扎带固定（间距 1.5m 一根），引上扁铁涂以 100mm 宽度相等的绿色和黄色相间的条纹标示，接地扁铁出地面距离不得低于 3m 高置，柱上设备的避雷器接地导体（线）应与设备外壳相连，接地装置的接地电阻不应大于 10Ω。

CHAPTER 6

6

线路标识牌及安装

6.1 杆塔号标识牌

（1）10、380V单回线路杆号牌颜色优先选用蓝底、白字、白色边框，其次可选用白底、红字、红色边框和绿底、白字、白色边框。单回线路蓝底杆号牌如图6-1所示。单回线路白底杆号牌如图6-2所示。

图6-1　单回线路蓝底杆号牌　　　　图6-2　单回线路白底杆号牌

（2）对于高（10kV）低（380V）压同杆双回线路杆号牌，高压杆号牌颜色应选用蓝底、白字、白色边框；低压杆号牌颜色宜选用白底、红字、红色边框；也可选用绿底、白字、白色边框。高低压同杆双回线路杆号牌如图6-3所示。

图 6-3　高低压同杆双回线路杆号牌

（3）对于同电压等级的同杆塔架设多回线路杆号牌应与线路在杆塔上排列顺序、朝向保持一致且标志牌应采用不同底色加以区分。

左右排列双回线路杆号牌颜色面向负荷侧左回线路杆号牌选用蓝底、白字、白色边框，面向负荷侧右回线路杆号牌选用白底、红字、红色边框，也可只选用一块蓝底、白字、白色边框标识牌，并将两回线路信息左右排列于整块标识牌上，如图 6-4 所示。上下排列双回线路杆号牌颜色上回线路杆号牌选用蓝底、白字、白色边框；下回线路杆号牌选用白底、红字、红色边框，也可只选用一块蓝底、白字、白色边框标识牌，并将两回线路信息上下排列于整块标识牌上。多回（三回、四回）线路以顶回线路或面向负荷侧左上回线路为起始线路，杆号牌颜色依次选用蓝底、白字、白色边框；白底、红字、红色边框；绿底、白字、白色边框；黄底、黑字、黑色边框。

图 6-4　一块标识牌同时显示左右双回线路杆号信息

（4）线路杆号牌尺寸见表 6-1。线路杆号牌如图 6-3 所示。

表 6-1 线路杆号牌尺寸

型号	参数（mm）
A	260
B	320
A1	240
B1	300
A2	170

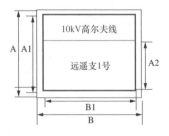

图 6-5　线路杆号牌制作

（5）架空线路杆塔号标识牌安装高度一般在离地面 3m 处，同一区域或同一线路的标识牌安装高度应统一。

（6）杆号牌序号排列为面向负荷侧依次递增。

（7）单回杆号牌应悬挂于日常巡视可视一侧或电源侧，多回杆号牌的排列与线路排列相同且悬挂在电源侧。

（8）门形杆应安装在面向负荷左侧的杆塔上。

（9）铁塔杆应悬挂在靠爬梯这一侧且位于爬梯左侧。

6.2 柱上开关标识牌

采用挂牌或贴牌方式，一般悬挂（粘贴）于柱上开关构架上，如图 6-6 所示。单回路应悬挂在巡视易见一侧。多回路在杆塔上的排列顺序、朝向应与线路一致。

图 6-6　柱上断路器标识牌

6.3 电缆标识牌

一般安装在变电站、配电所出口处第一基杆塔（电缆出线）、配电架空线路电缆引下处，悬挂于电缆保护管上方，如图6-7所示。

图 6-7　电缆标识牌

6.4 线路相序标识牌

▶▶ 6.4.1 高压（10kV）相序标识

（1）高压（10kV）架空配电线路相序标识采用黄、绿、红三色表示 A、B、C 相。

（2）变电站 10kV 出线的第一基杆塔、分支杆、转角杆、终端杆均应安装相序牌。10kV 分支杆相序牌如图 6-8 所示。10kV 转角杆相序牌如图 6-9 所示。

图 6-8　10kV 分支杆相序牌

图 6-9 10kV 转角杆相序牌

（3）耐张型杆塔、分支杆塔和换位杆塔前后各一基杆塔上，应有明显的相位标识。

（4）高压（10kV）相序标识牌应牢固绑定在水平横担上，面向负荷侧从左至右按 A、B、C 的顺序排列。

（5）高压（10kV）相序牌采用铝合金板，材质应柔软、韧性好、不断裂、不变色，标识牌应具有防水、防腐、耐候功能。

（6）高压（10kV）相序牌标识为白底、白字（黑体字），尺寸为高 200mm × 宽 200mm，在平面中间画出直径为 ϕ160mm 的实心圆，实心圆底色分别为黄、绿、红三种颜色，在实心圆中对应标出白色英文字母（黑体字）A、B、C。高压相序标识牌尺寸如图 6-10 所示。

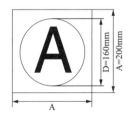

图 6-10 高（低）压相序标识牌尺寸

▶▶ 6.4.2 低压（380/220V）相序标识

（1）低压（380V）架空配电线路相序标识采用黄、绿、红、淡蓝四色表示 A、B、C、N 相（中性线）。

（2）低压（220V）架空配电线路相序标识根据挂接的 A、B、C 相序号，分别采用 A、N，B、N，C、N 表示。

（3）配电室、箱式变电站或配电变压器台区低压线路出口第一基杆、分支杆、耐张杆、转角杆、终端杆等均应安装相序牌。十字形分支时，相序牌悬挂在面朝长分支线路这一侧。低压分支杆相序牌如图 6-11 所示。低压终端杆相序牌如图 6-12 所示。

图 6-11　低压分支杆相序牌

图 6-12　低压终端杆相序牌

（4）低压（380V）相序牌应牢固绑定在水平横担上，面向负荷侧从左至右按 A、N、B、C，中性线 N 靠近电杆的顺序排列。沿墙低压线路 N 相应排列在靠近墙面一侧。

（5）低压（380/220V）相序牌采用铝合金板，材质应柔软、韧性好、不断裂、不变色，标识牌应具有防水、防腐、耐候功能。

（6）低压（380/220V）相序牌标识为白底、白字（黑体字），尺寸为高 200mm×宽 200mm，在平面中间画出直径为 ϕ160mm 的实心圆，实心圆底色分别为黄、绿、红三种颜色，在实心圆中对应标出白色英文字母（黑体字）A、B、C。低压相序牌尺寸同高压相序牌尺寸一致，如图 6-10 所示。

6.5 警示标识

警示装置安装位置应正确、醒目，一般面向人员、车辆活动频繁的方向。

▶▶ 6.5.1　杆塔警示标识

在公路沿线的杆塔，容易被车辆碰撞时，应采用粘贴或喷涂方式进行防撞标识设置。应在杆部距地面 300mm 以上，面向公路侧沿杆一周粘贴警示板或喷涂警示标识，警示板或喷涂标识为黑黄相间，高 1200mm（黑 3 道，黄 3 道各宽 200mm，黑色宜在最下边）。普通路段电杆防撞标识如图 6-13 所示。大马路边电杆防撞标识如图 6-14 所示。

图 6-13　普通路段电杆防撞标识　　　图 6-14　大马路边电杆防撞标识

▶▶ 6.5.2　拉线警示标识

城区或村镇的 10kV 及以下架空线路的拉线，应根据实际情况配置拉线警示管，拉线警示管黑黄相间，黑黄相间 200mm。安装时应紧贴地面安装，顶部距离地面垂直距离不得小于 2m。拉线警示管安装、拉线警示护管如图 6–15、图 6–16 所示。

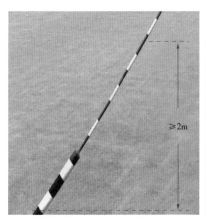 

图 6–15　拉线警示管安装　　　　　图 6–16　拉线警示护管

▶▶ 6.5.3　线路安全警示标识

电力线路杆塔，应根据电压等级、线路途径区域等具体情况，醒目位置设置相应的安全警示标志，配电线路保护区警示牌、交叉跨越安全警示牌、禁止攀登警示牌、禁止在高压线下钓鱼、禁止取土、线路保护区内禁止植树、禁止建房、禁止放风筝等。线路禁止垂钓警示牌如图 6–17、图 6–18 所示，各种线路保护警示牌如图 6–19 所示。

图 6-17　线路禁止垂钓警示牌（一）　　　图 6-18　线路禁止垂钓警示牌（二）

图 6-19　各种线路保护警示牌